夏克梁
民居建筑速写

Xia Keliang's
Sketches of Residential Buildings

夏克梁 著

东南大学出版社

·南京·

前　言

　　民居建筑蕴藏着丰富的历史信息和文化景观，记录着先辈的智慧创造与文化记忆，传承着独具地域特色和民族风格的乡土文化。它是农耕文明留下的宝贵遗产，是劳动人民智慧的结晶。

　　民居建筑一直是艺术工作者关注和喜爱的画题，大家用不同的艺术形式表现和记录民居建筑的状态和特点，其中速写因为不太受到工具材料和时间的限制，是最受欢迎的一种表现形式。

　　民居建筑速写虽是以民居建筑作为表现题材，但又不仅限于描绘独立的民居建筑本身，建筑构件、生活器具、构筑物等都可以纳入民居建筑速写的范畴，作画者借此表达对于民居建筑及其生活环境的认知和理解。

　　要想快速、准确、生动地表现民居建筑的形态和空间场景，从而得心应手地记录、描绘，就需要系统且有效地进行训练。民居建筑速写的画面中，线条、结构、塑造、处理等构成了学习民居建筑速写的基本要素，在研习的过程中，我们可以紧紧围绕这几个要素展开。

　　同时，民居建筑速写技能的掌握不可能一蹴而就，它的培养需建立在长期的、大量的速写练习的基础之上，同时也必须遵循一定的程序和方法，按部就班地展开日常练习。速写能力的提高，没有秘籍和捷径，如果非说有，那就是"练、练、练，量、量、量"。只有具备了一定量的积累，才能够实现质的飞跃，不断提高表现水平，提升作品品质。

　　本书的编写建立在作者多年的速写实践和教学经验的基础上，将经验和心得按提要的方式进行编辑，便于读者学习和参考。本书收集的是作者多年利用零星时间积累的速写作品，是作者行走、思考、观察、记录的一种方式，包含了对生活的体验和对建筑的理解，以及对民居建筑独特的情感。如果读者能认可这样的一种方式，或从中得到启迪，便是作者最大的慰藉。

2019 年 8 月

黑白篇　钢笔画法

彩色篇 马克笔画法

目录

黑白篇 钢笔画法

　　钢笔表现是建筑速写黑白类画法中最具有代表性的。作画者可以运用多种多样的技法来捕捉不同主体的特点，充分表现对象。这类画法摒弃了色彩对于画面的影响，利用单纯的钢笔线条进行空间表现，诠释建筑语言。

　　钢笔画的概念不仅仅局限在以钢笔、签字笔等工具所表现的画面，已经拓展到圆珠笔、记号笔、宽头笔、软性尖头笔等工具所表现的画面。只要敢于尝试和探索，不难发现有些工具具有极强的表现力，为拓展钢笔画的艺术效果带来最大的可能，也使钢笔画的表现语言更加丰富多彩。

第一部分 | 工具与材料

01_ 美工笔表现的画面效果

02_ 签字笔表现的画面效果

03_ 自制竹笔表现的画面效果

■ 钢笔是最传统的书写和速写工具，作画便捷、携带方便，深受建筑师、设计师和画家的青睐。

■ 除钢笔之外，美工笔也是常见的速写工具，美工笔与钢笔最大的不同点是线条多变，作画时应特别注重这一绘画工具的线条特性，强调画面中线的变化以及线的对比产生的虚实、详略、主次等关系。

■ 作画者往往根据个人的喜好选择笔的类型，不同的笔所产生的线条表现力有所差异，画面的效果也有所不同。

■ 就作者个人而言，喜欢选用中性笔，选择以出水顺畅（"三菱"和"晨光"是我常选的品牌）为标准，型号则根据画面尺幅的大小，以 0.7—1.0 mm 为多。

■ 纸张以速写本为适宜（"渡边"是我常选的速写本品牌），速写本的开本不小于 A3，可以尝试 A2，开本较大的速写本让人易于放开手脚去表现。画过开本较大的尺幅更易于控制较小的画面。

第二部分 | 线条

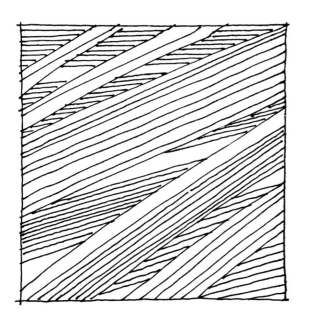 

　　以钢笔（签字笔）为工具所表现的民居建筑速写，线条是基本元素，学习民居建筑风景速写首先要从线条开始训练，先解决用线问题。

　　钢笔（签字笔）作为速写中最常用的工具，所表现的线条也是最单一的。单一首先体现在色彩上，钢笔画的每一根线条都是黑色的，哪怕是采用近几年逐渐发展起来的彩色墨水，每一根线条的颜色仍旧是单一、没有变化的；其次体现在线条的粗细变化上，除弯头美工笔，普通钢笔及签字笔所表现的线条并无粗细变化。可见，单一、无变化的线条是钢笔画最朴实的语言和特征，学习钢笔画便从它最朴实的语言开始。

| 01 | 02 | 03 | 04 |

01_ 线条是构成画面的基本要素

02_ 学习钢笔速写往往从练习线条开始

03_ 线条是钢笔速写最朴实的语言

04_ 线条的流畅、肯定与否，直接影响着画面的视觉效果

夏克梁
民居建筑速写

钢笔画法 > 线条

■ 肯定、干净、流畅是民居建筑速写线条的基本要求。

■ 作画者须通过系统的训练，才能达到用线的肯定和流畅，以至熟练。

■ 作画者可以借助线条的个性特点，传达对物象的各类情感。这就要求在作画前必须熟悉各类线条、笔触的基本用法，下笔时才能做到胸有成竹、游刃有余。

■ 线条的变化组合能使画面产生主次、虚实、疏密等艺术效果，不同的线条还可以传达个性化、风格化的视觉感受。

■ 单一独立的线条没有方向性，但当线条运用到具体的物体中时，线条的方向性对塑造物体能起到至关重要的作用。

017

1 线条训练

01 | 02

01_ 线条练习不应只是随意的涂画，要建立在简单的形体基础之上

02_ 线条练习，不在于速度，而在于准确与到位

■ 线条看似简单，但训练时仍需要方法和步骤，线条的训练不应只是为画线条而画线条，而应依附在某一具体的物体之上，不过可以暂时忽略所表现物体的结构和透视。

■ 练习线条的初始阶段，用笔不宜快，应将准确性放在首位，追求较高的到位率。

03   04

03_ 线条的练习应注意用笔肯定,以不涂改为目标

04_ 线条的练习除了表现线条本身外,也可适当注意画面的
形式感和疏密变化

■ 一次一根线,位置、长短与方向要做到基本准确,努力
控制好线条的运行轨迹,要能控制到每一点,且完全是主动
的,以"不涂改,不覆盖"为目标,切忌分小段往复描绘。

2 用线塑造

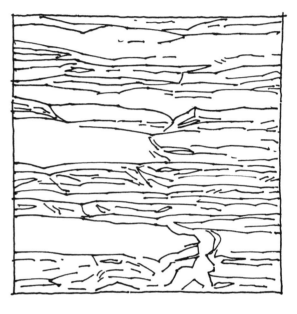

01 | 02

01/02_ 线条具有极强的表现性，画面中的任何元素都需要用线条去塑造

　　民居建筑钢笔速写是用线条塑造建筑的形体和空间，在表现的过程中也能达到线条运用的练习。练习之初，可先从较拙的短线开始，短线对于初学者而言易于控制，"拙"则出于初学者对形体难以把握的原因。

03   04

*03/04_* 练习之初，可先用较短、较拙的线条对物体进行塑造

■ 在保证力量均匀的同时，针对不同的对象，线条还应讲求变化，有顿挫轻重之感。

■ 画线的时候，不是只有力就好，要既刚且柔，柔中见刚，刚中见柔。

■ 建筑速写中线条的到位与否至关重要，到位很重要的一点就是界面边缘节点处是否封闭或交叉。

*01/02_* 长、短线结合是塑造物体最常见的方法

■　在下笔前对所绘对象的结构、体块穿插关系、细部造型等方面要建立起清晰明确的认识，考虑好线条的位置、形态、疏密以及线与线之间的组织方式，下笔之时果敢大胆，一气呵成。

3 线条的组合

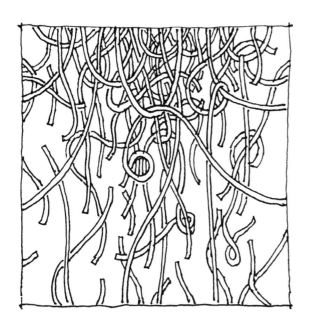

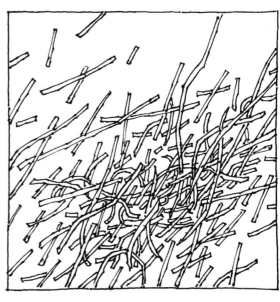

01_ 一张完整的画面，必须由众多线条组合而成

02_ 线条的组合需要有次序和规律

03_ 线条组合讲求一定的方法和步骤

■ 民居建筑速写中除了用线条表现建筑的形体、结构、透视和场景的空间之外，也可以通过线条的组合表现物体明暗层次的渐变关系。

■ 通过笔触的合理组织，采用线条排列、穿插、重叠的方法去表现景物的光影，能够使物体产生体积感和空间层次，使钢笔画带有明暗层次从而获得视觉上完整的素描关系。

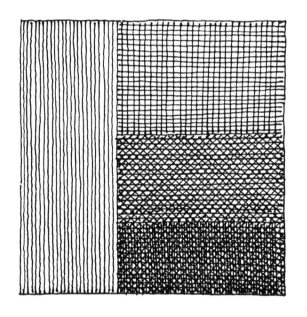

| 01 | 02 |

01_ 线条的叠加尽可能做到清晰、有序

02_ 线条的叠加能产生明暗层次

■ 钢笔画线条的组合应有一定的秩序感，线条不分主次会使画面显得凌乱无序。

■ 线的疏密安排直接影响着作品的审美。线条组合时的疏密原理如同音乐、文学一般，应有高低起伏、紧凑松弛，要遵循对立统一的原则。

4 线条的对比

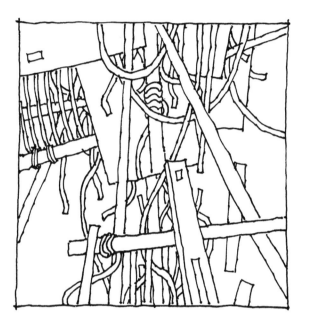

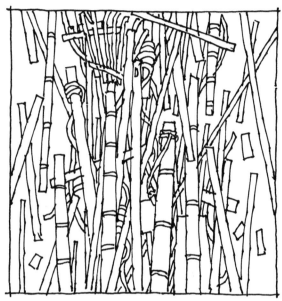

03	04

03_ 画面中的线条不可能单一存在，一定是由多种不同性质的线条组合而成，相互间形成对比关系

04_ 线条的长短、粗细、曲直等构成了线条最基本的对比关系

■ 速写中，各种类型的线条通过穿插与组合，共同构成了画面中的建筑形态。将这些线条进行排列组合的过程中，线条与线条之间形成了各种对比关系。

■ 线条的"松""紧"对比主要用于处理画面中景物的空间关系和主次关系。一般而言，主景部分建筑物的用线应肯定有力，准确鲜明，组织紧凑，次要部分景物的线条可适当放松，需处理得简要概括，不必刻画得过于清晰明了，以此来区分出画面的虚实关系。

■ 线条的"粗""细"对比主要表现为画面中各种不同宽度线型的构成关系。一般画面主体的轮廓需以较粗的线型来描绘，配景则可以以较细的线条来表现。粗线与细线间的差别切不可过大，否则易使画面的厚重感缺失，视觉上显得过于单薄。

第三部分 | 塑造练习

　　分析一张民居建筑速写的作品，不难发现，画面往往是由主体建筑及植物、路面、生活中的各种器物组成。为了便于掌握和学习，可分阶段进行练习。第一阶段先从简单的物体开始着手，目的是培养塑造能力、结构意识；第二阶段是两个以上物体的组合练习，目的是锻炼物体之间的空间表达能力、构图能力，以及画面的艺术处理能力。学会了简单元素的塑造、组合及表现规律，就能够驾驭复杂画面，恰如其分地表现和处理。

■ 练习时，要注意解决每个阶段所遇到的不同问题，从而克服在认识层面以及技巧层面的不足与欠缺，获得表现手段的多样性、表达的灵活性。最终，将形体的塑造、空间的表达、画面的处理等能力应用于画面，实现由抽象思维到具象画面的转换。

1 结构与材质

初学者在练习中，常常出现遇到不理解或看不清楚的结构关系时便省略不画，或是凭自己的主观想象进行随意创造的现象，从而导致画面"空""平""闷"及不真实感。因此，表现民居建筑，对于结构意识的培养极其重要。具有结构意识的画者，至少可以避免呈现的画面上物体结构不合理或建筑松垮。同时，对结构意识的掌握也有助于初学者提高速写水平和培养严谨的设计思维（针对设计师而言）。

对于材料及质感的表现也是画面塑造的重要环节。材料是物体的外表皮，因其表面组织结构的差异而使得吸收和反射光线的能力各不相同，会显现出不同的明暗色泽、线面纹理，在画面中需通过对质感的刻画加以体现。

（1）结构

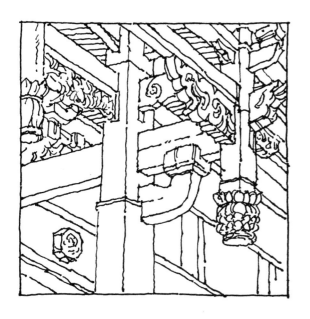

01_ 学习建筑速写，须具有表现建筑结构的意识

02_ 初始阶段，可以对建筑的每一个细节和结构都表现得准确、到位

■ 民居建筑速写中所描绘的绝大多数对象，都由一定的结构关系所组成。理解并清晰地表现出每件物体正确的结构关系，是每位作画者都应首先牢牢把握的原则和目标。

■ 写生要对建筑的构造及局部的结构有深刻的理解，才能自然而准确地再表现。

■ 建筑有建筑的结构关系，植物有植物的结构关系，各种满足生活需要的器物，如桌椅、篮子、农具等也有各自的结构关系。初始阶段，对于每件物体的结构关系的表达都不应忽视。

■ 在速写中，作画者应该先仔细地观察对象的构成方式或生成状态，在理解其基本关系的基础上，遵循构成规律进行表现，将每件物体的形态结构合理地描绘，清楚地传达在纸面上，从而使场景的关系也变得合理。

■ 描绘建筑或器物，需要从客观对象中提炼出最能表达结构的线条，以最明确的手法表现出物体的比例、结构、透视关系和造型特征。

夏克梁
民居建筑速写

钢笔画法 > 塑造练习

■ 界面边缘的节点处都处于封闭或交叉状态的建筑显得严谨，也使画面更加有张力。对于初学者，以追求画面的严谨性为宜。

■ 表现建筑的结构，常用线描画法，用线条清晰地表现建筑的透视、比例、结构，是研究建筑形体和结构的有效方法，这种画法在造型上有一定的难度，容易使画面趋向空洞与平淡，完全要依靠线条在画面中的合理组织与穿插对比来表现建筑的空间关系和主次的虚实关系。

（2）材质

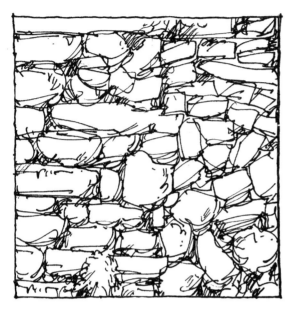

01	02

01_ 不规则石头垒砌的墙体

02_ 夯土墙的局部

03	04

03_ 稻草的"护墙"

04_ 碎砖、瓦片垒砌的墙体

■ 材质是展现建筑以及器物个性特征的元素之一，它是指材料的一系列外部特征，包括色泽、肌理、表面处理工艺等。

■ 民居建筑场景中的任何物体都由一定的材料构成，其表面无论是光滑还是粗糙、是柔软还是坚硬，它们的存在及相互间的搭配组合都会让场景呈现出不同的视觉效果。

■ 正确地表达出画面内的各部分材料及质感，是民居建筑速写的基本要求，也是使画面呈现真实感的重要途径。

■ 材质的表现关键在于对其表面的光反射程度的描绘。各种材料表面对光线的反射能力强弱不一，需针对材料的特点来对质感加以表现。

夏克梁
民居建筑速写

钢笔画法 > 塑造练习

2　单体元素

　　单体元素是民居建筑速写的重要组成部分，它能够烘托出环境特有的气氛，有助于强化建筑及空间环境的特性。单体元素在突出主体建筑、表现空间、营造气氛、提升画面艺术效果等方面，均能发挥作用。

（1）自然物

| 01 | 02 |

01_ 自然生长的植物，在对其表现之前先要进行观察，尽可能寻找到一些规律

02_ 人工搭建的棚、架，辅助植物生长，具有一定的规律性，大关系较为整体

■ 植物的表现主要分为乔木、灌木和花草的表现。

■ 乔木的表现应从树冠的组团关系入手，将大树冠区分出上下、前后、左右的团块组合关系，再对各组团的明暗交界线给予刻画，要注意各团块的明暗要统一于整体的明暗关系。

■ 对于远景中的乔木，一般可做平面化的处理，但是仍要注意树木的轮廓变化，中景的乔木多离建筑较近，可适当细致描绘，前景的乔木一般接近于构图的边缘处，可做概括的处理。

■ 灌木的表现要点是区分几块界面的关系，若处于前景可做生动的处理。

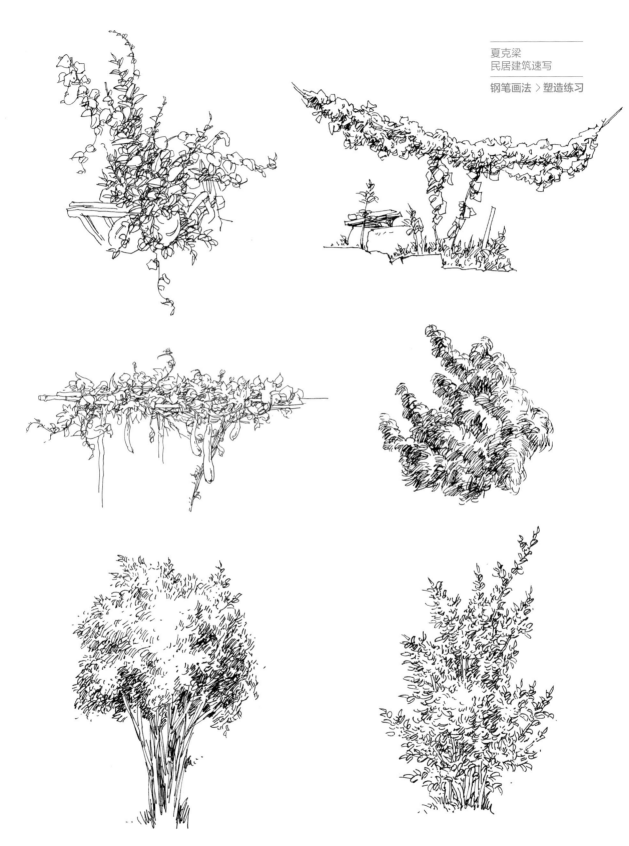

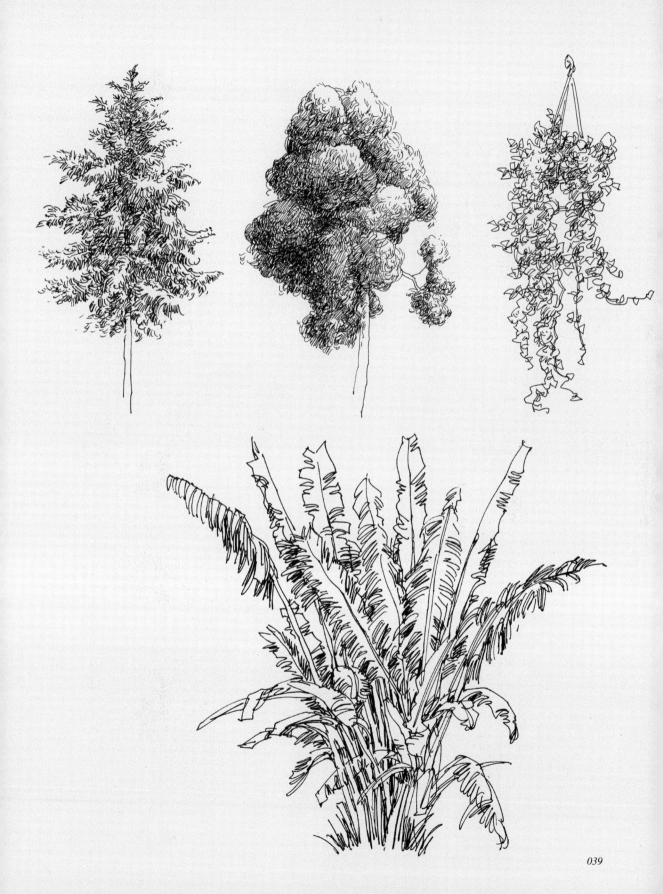

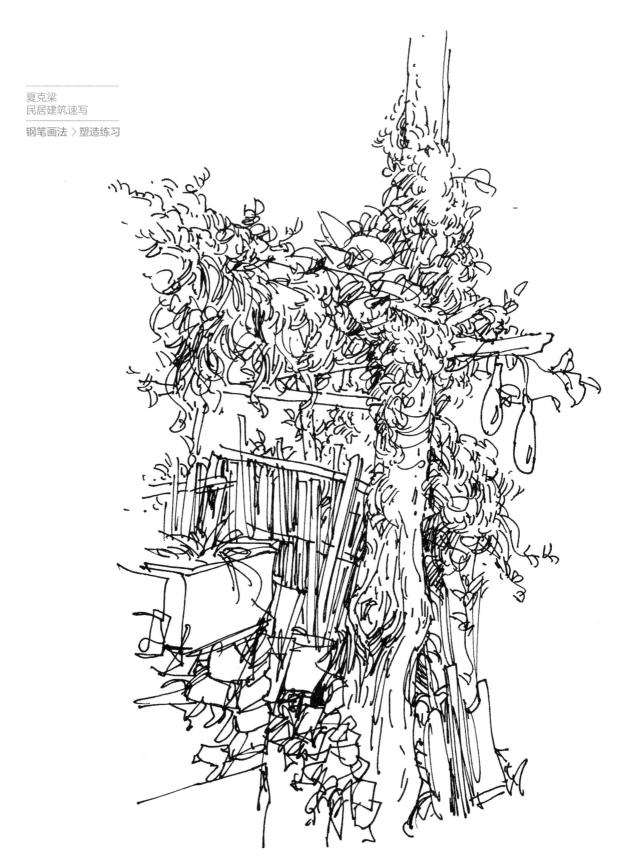

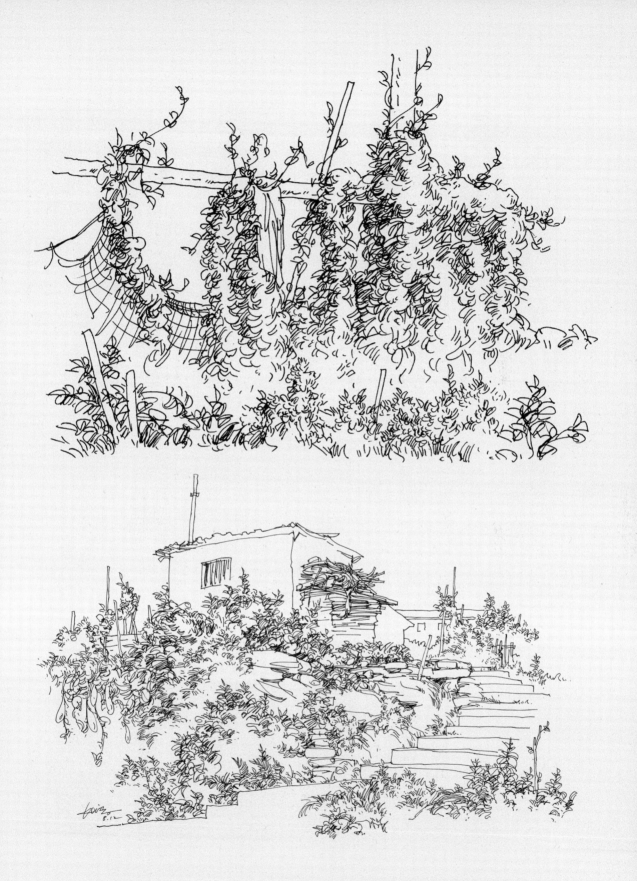

01 | 02

01_ 树干的表现要注意形态的变化和体积感

02_ 主干和支干的表现要合理、生动、自然

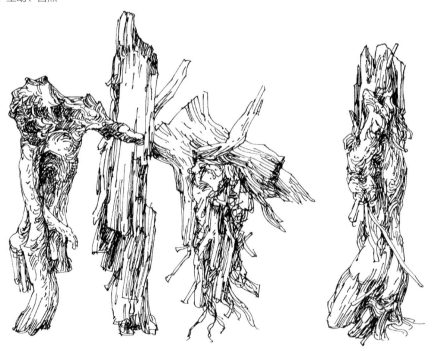

■ 树干部分应遵照树木的生长规律，将主干和支干的连接方式描绘清楚。

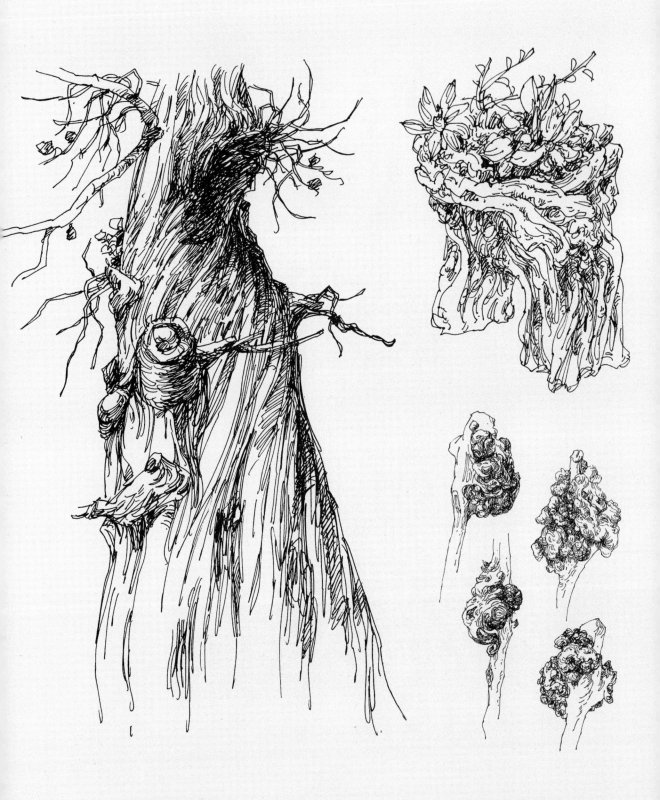

■ 花草是复杂的自然形态。写生时，必须仔细观察，并研究其生长规律，然后对其有秩序地分组，概括地表达。

■ 杂草的形体杂乱，概括是重要的处理手法，只有善于从纷乱繁杂的事物中抓住能够反映本质的要素，并进行适当的概括和提炼，才能够表现出杂草的基本区块和特征。

01   02

01_ 石头是一种自然的形态，表现时需注意用
线要肯定、自如，并要表现出它的体积感

02_ 石头与溪水结合时，除了表现石头的坚硬
感，还需表现出溪水的流动感

夏克梁
民居建筑速写

钢笔画法 ＞塑造练习

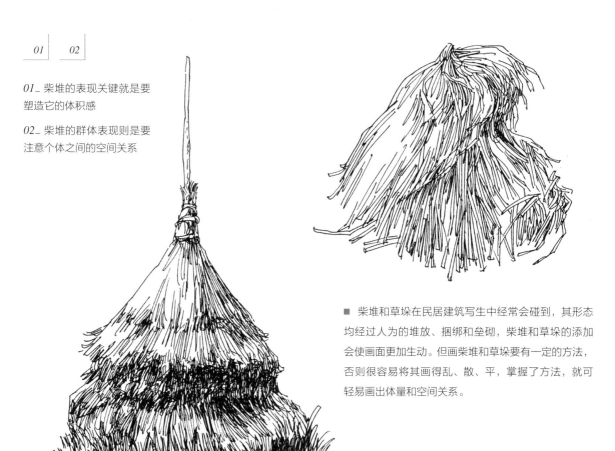

01 | 02

01_ 柴堆的表现关键就是要塑造它的体积感

02_ 柴堆的群体表现则是要注意个体之间的空间关系

■ 柴堆和草垛在民居建筑写生中经常会碰到，其形态均经过人为的堆放、捆绑和垒砌，柴堆和草垛的添加会使画面更加生动。但画柴堆和草垛要有一定的方法，否则很容易将其画得乱、散、平，掌握了方法，就可轻易画出体量和空间关系。

夏克梁
民居建筑速写

钢笔画法 > 塑造练习

夏克梁
民居建筑速写

钢笔画法 > 塑造练习

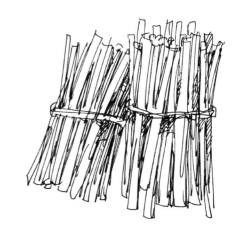

■ 表现两组柴堆或草垛时，只要明暗关系合理、相互衬托并赋予次序，就很容易表现出其空间关系。

■ 不论柴堆叠放得多么复杂，只要通过整体看待事物的眼光去分析理解，把握柴堆的大体关系，并注意其秩序性，所表现的画面将显得整体，且具有体积感和空间感。

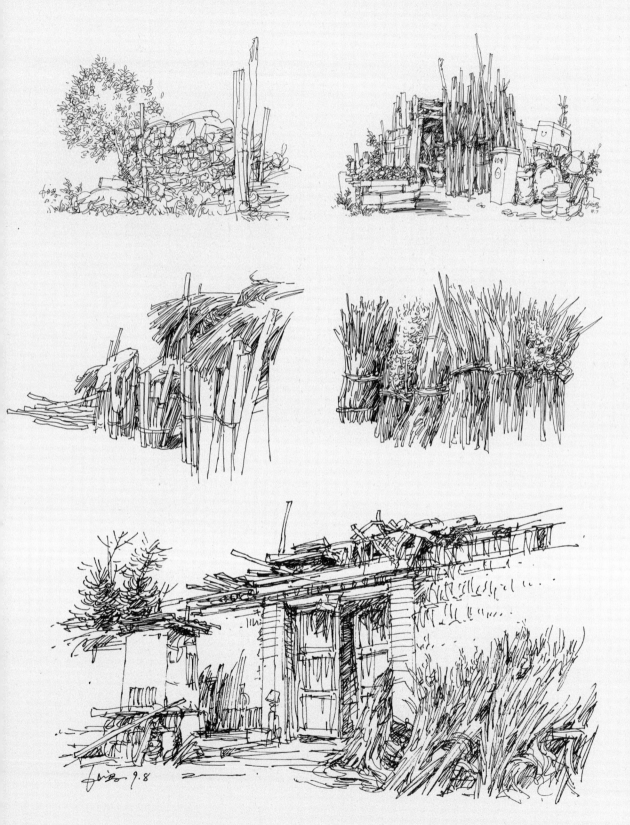

01 | 02

01_ 篱笆是一道屏风，却是通透的，
要注意它的高低错落和适当的穿透性

02_ 栅栏的表现要注意画出植物的缠
绕及穿透的感觉

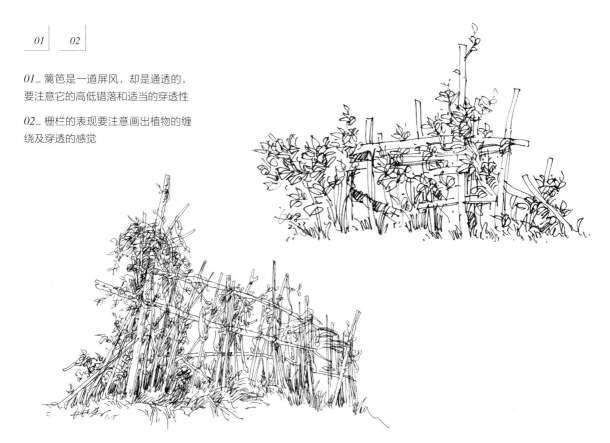

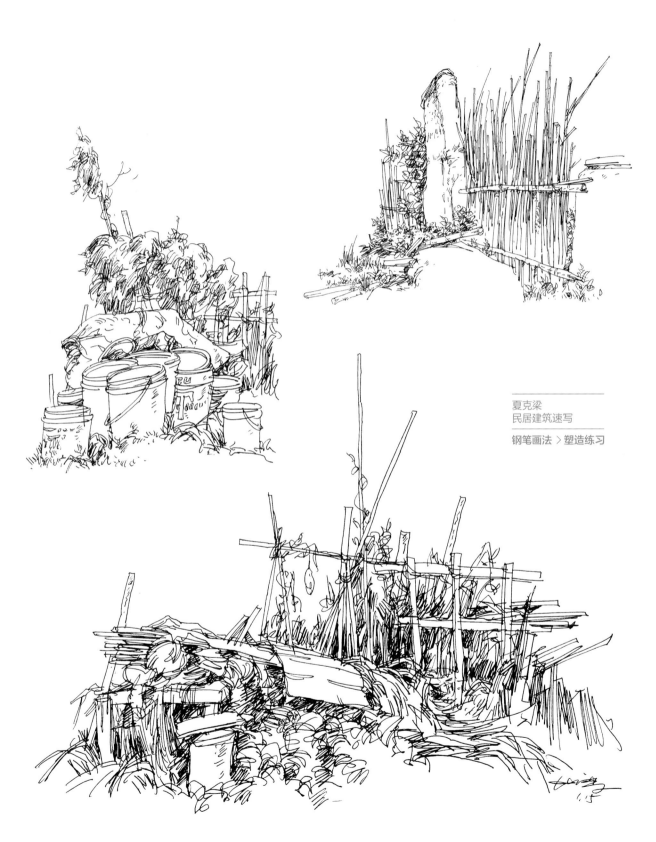

夏克梁
民居建筑速写

钢笔画法 > 塑造练习

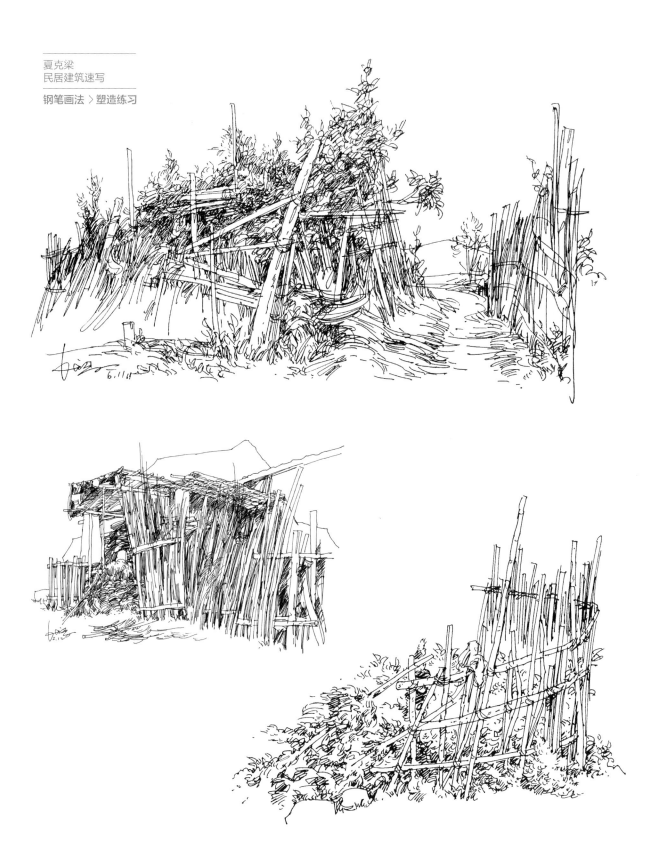

（2）动物

01	02
03	

01_ 动物表现要关注其动态

02_ 动物表现要注意穿插与组合

03_ 如果纯粹表现动物，还需注意画面的主次关系

■ 速写中的动物表现，不仅能给画面带来生机，使画面产生动静对比，也体现出动物与自然环境和谐共存的美好意境。

■ 动物的安排，应根据画面的构图需要进行组织，也要根据画面内容进行姿态的选择与确定，使其符合主题和环境。

■ 画面中要注意动物和环境间的比例关系，动物过大或是过小都会使场景的尺度变得不真实。

（3）生活中的器物

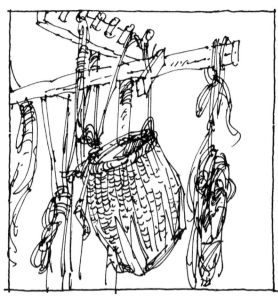

01
02
03

01_ 杂乱摆放的器物最具生动性

02_ 器物是民居速写中不可缺少的内容

03_ 器物可构成独立的画面

■ 生活中的器物种类繁多，是民居建筑速写中不可或缺的组成部分。器物能使场景变得更加生活化。

■ 区分器物中两形体的最有效方法是强调某一形体的明暗。

■ 表现器物，有时只需画出器物主要的轮廓结构线，依靠线条的疏密组合表达器物的体量和空间层次。

■ 画器物，常在明暗交界处或界面转折处适当铺设明暗，以强调某一结构或器物的体量和空间关系。

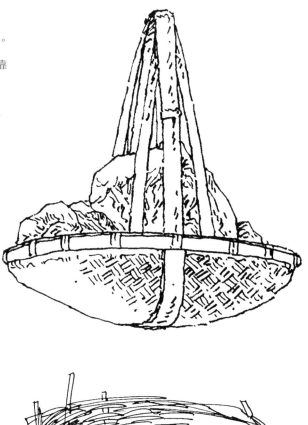

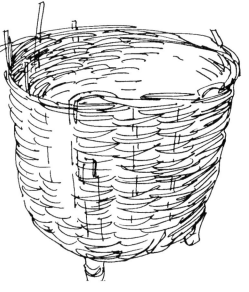

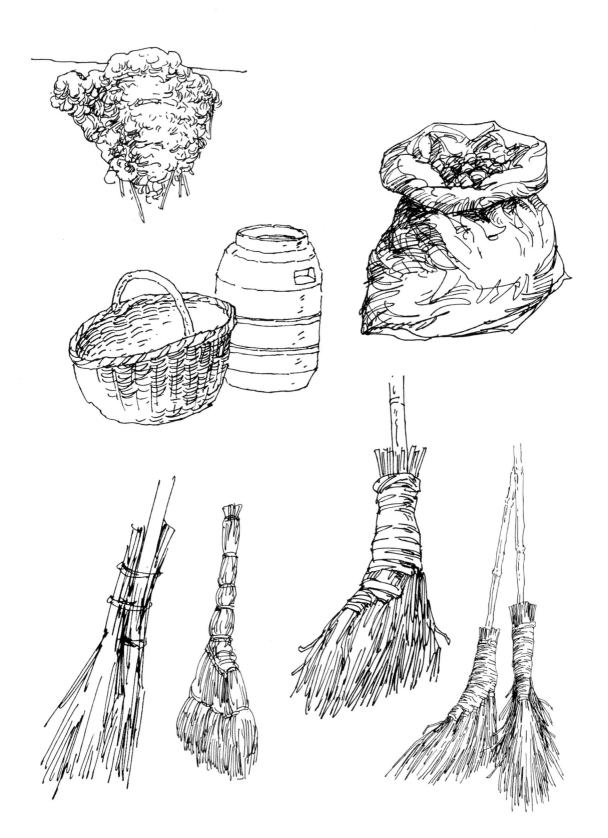

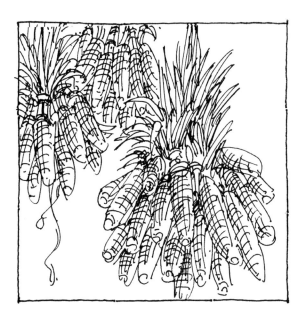

01 | 02

01_ 挂晒物中的玉米、辣椒等作物相
对琐碎，表现时需注意它的整体感

02_ 挂晒物的组织和表现同样需要注
意它的疏密变化

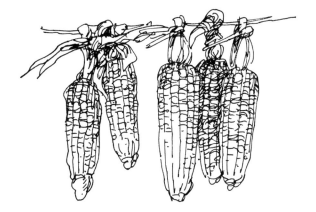

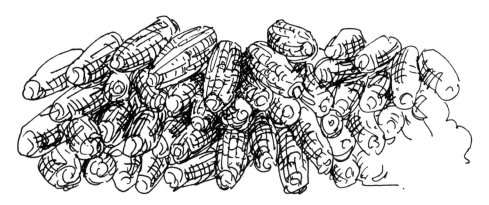

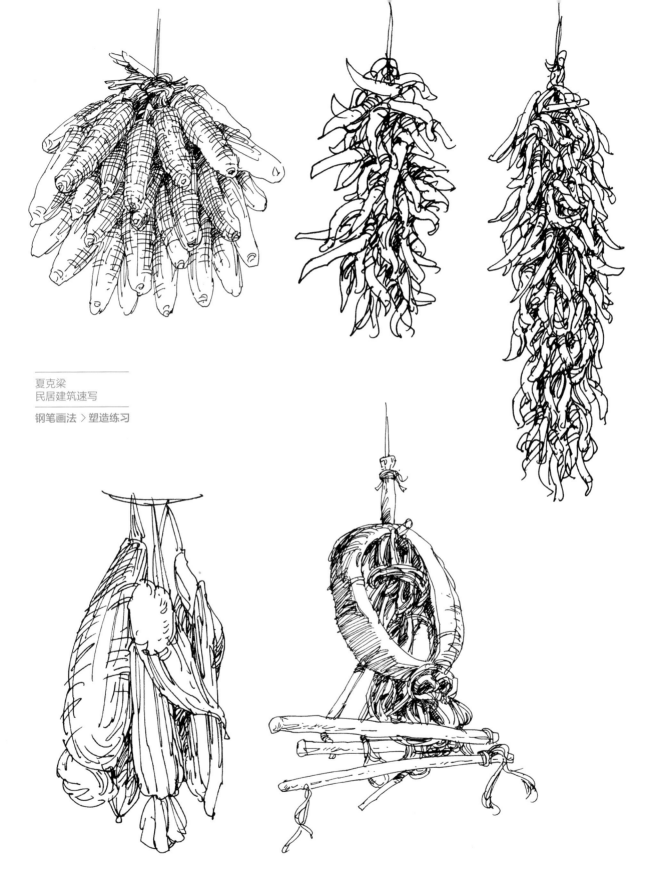

夏克梁
民居建筑速写

钢笔画法 > 塑造练习

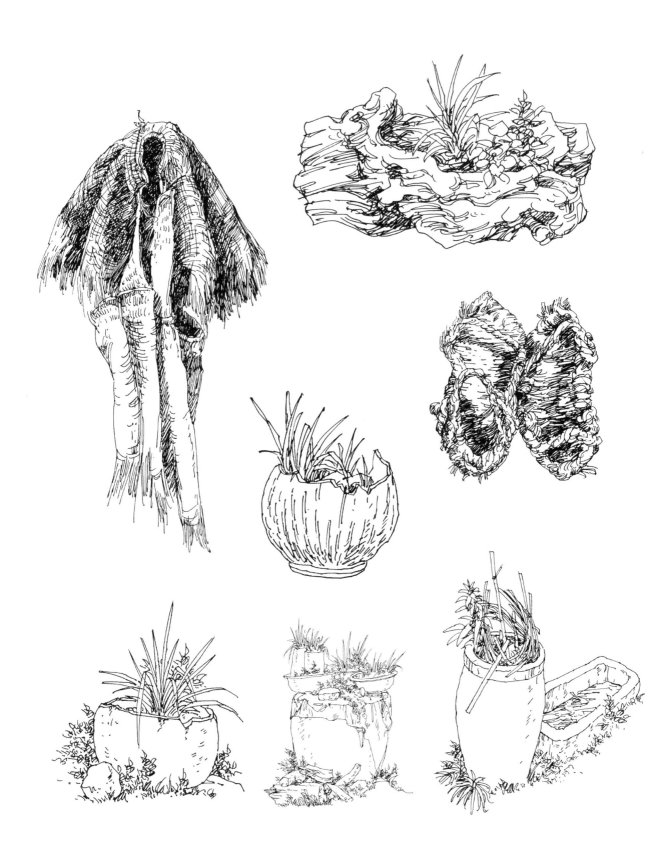

01 | 02

01_ 杂物是画作中较为多见的题材，表现形式丰富，在表现过程中需要有一定的规律和秩序性

02_ 画杂物往往不受形体的限制，可以随心所欲地进行表现，但需要注重画面的整体性和形式感

■ 画杂物，要求我们深入细致地对所描绘的杂物进行观察，将其"整理""分类"并总结出堆放的"规律"，才能做到胸有成竹，下笔果断，准确地画出流畅而有力的线条。

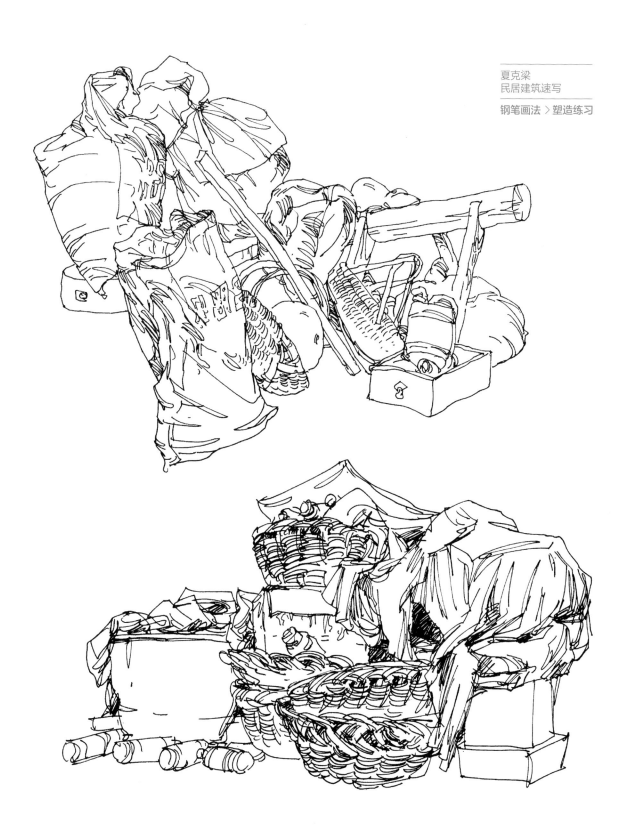

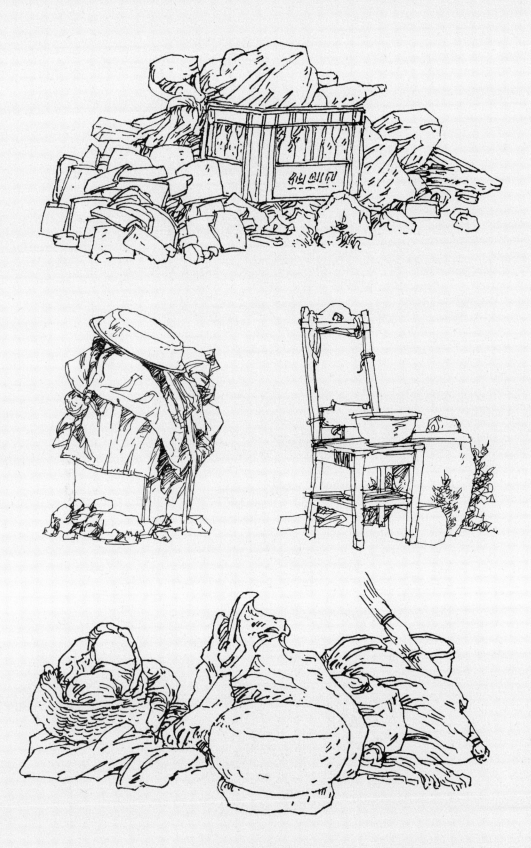

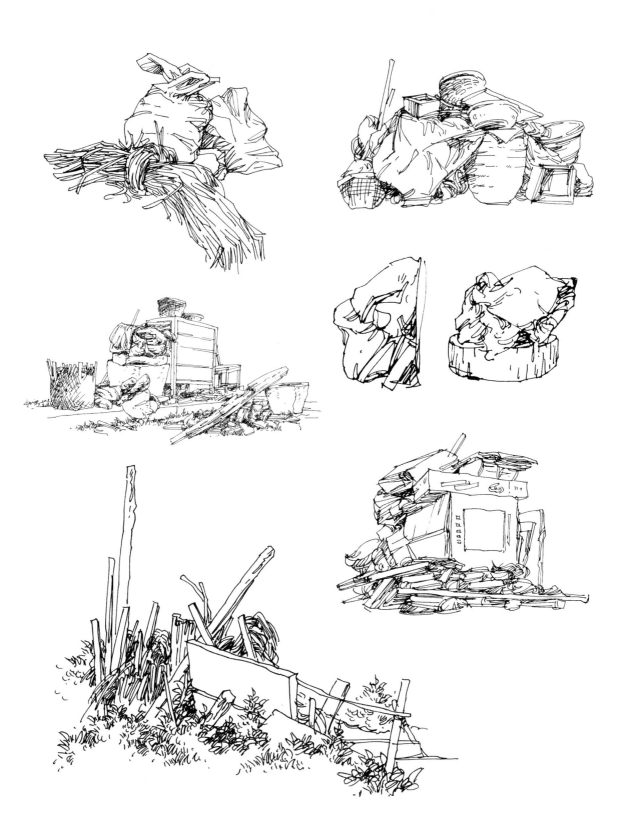

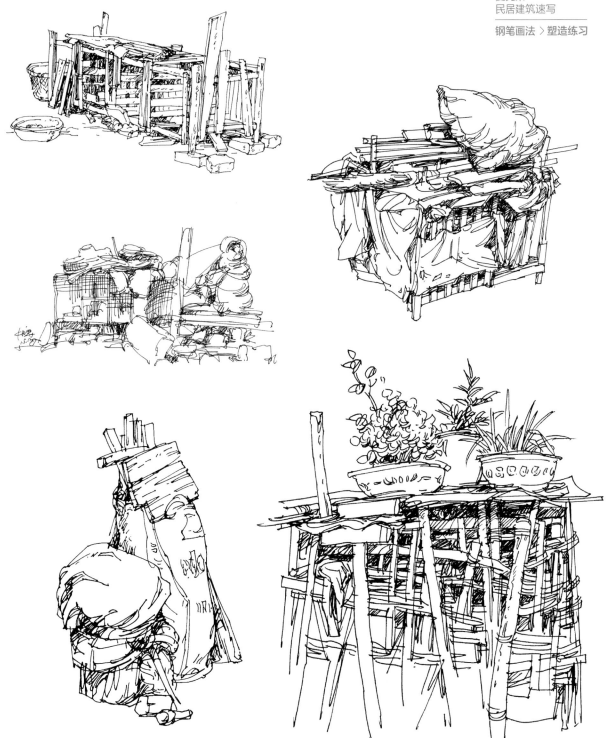

（4）建筑局部及构筑物

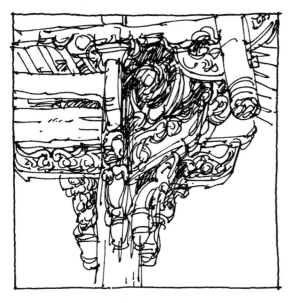

01 02

03

01_ 表现建筑物相对较难，可以从局部练习着手

02_ 局部练习也同样需要注意取景和构图

03_ 学会了局部画面中的艺术处理，完整画面的处理问题也就不难掌握

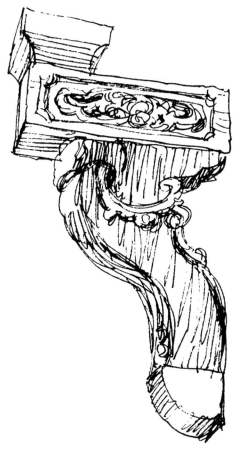

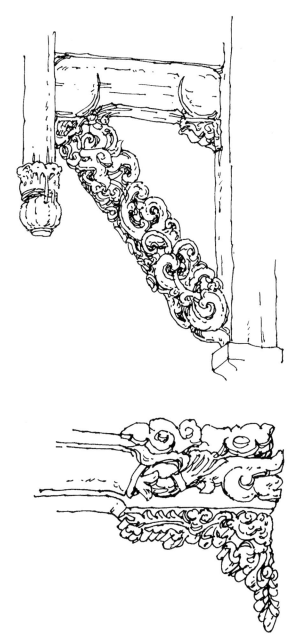

■ 写生时，作画者要对建筑构件做透彻的理解，才能够使
线条和用笔肯定有力，准确地表达对象。

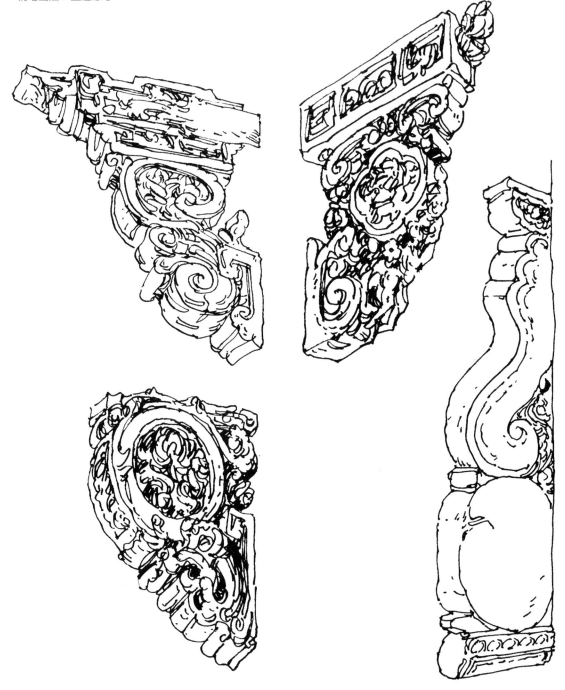

■ 想描绘好瓦片，首先要理解瓦片的摆置特点和结构，再根据艺术的处理手段去表现。

■ 画瓦片或其他相关物体时，要注意表现其特征，画出瓦楞的结构线，从前面至后面有序地递减，这样所表现的画面整体感强，前后的虚实关系明显。

01 | 02

01_ 石头墙的绘制，首先要了解石头的垒砌方法

02_ 石头房的表现，既要考虑到界面之间的大关系，又要考虑到石头墙面的质感和细节的变化

■ 无论多高、多复杂的石头墙，只要了解石头的垒砌方法（石头间的并置关系，并非重叠关系），表现时再注意虚实变化，所表现的画面将显得合理，并具有空间感。

■ 画石墙或相似物体时，要从大关系着手，而不宜过于强调画面中的细节。只要抓住墙体的大关系并适当地表现主要细部特征，所表现的画面便具有较强的整体感。

■ 墙面转折处只要加深，墙体的体量感便会增强。

01 | 02

*01_* 墙头上人工种植的花草是一道生动的人文景观

*02_* 自然生长的墙头草在表现的过程中一方面要注意表现出植物的体块感，另一方面也要注意表现墙体的质感及两者之间的关系

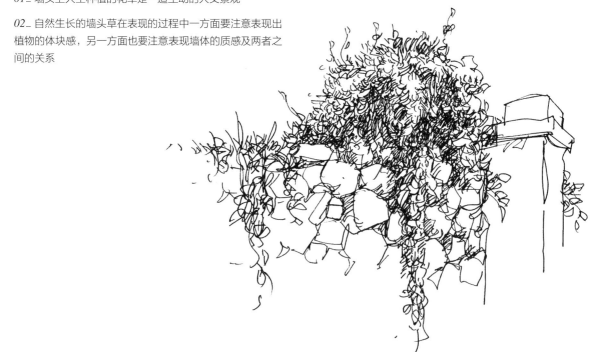

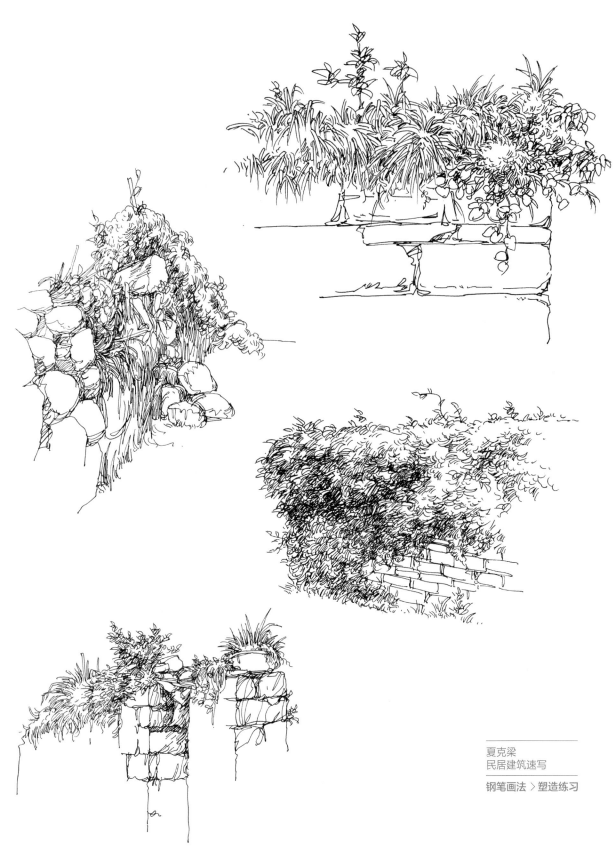

夏克梁
民居建筑速写

钢笔画法 > 塑造练习

01 | 02

01_ 表现台阶或石头路面，按照透视近
大远小的原理是最容易的方法

02_ 石阶的表现要注意表现出每一级台
阶的高度（通过疏密对比的方法）

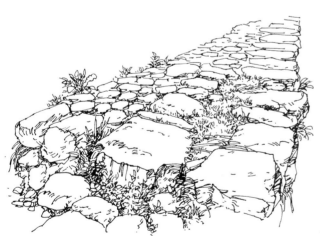

■ 表现路面，可以先从分析、理解着手。民居建筑中出现的路面多为鹅卵石铺设而成，路面的中间为较大的石头有序排列形成路心，路心的两边则常为较小的鹅卵石。

■ 画路面要注意，不宜将石头画得太满太实。只要把握住路心的透视和虚实关系，从近到远适当画些碎石过渡，所展示的画面将具有极强的空间关系。

■ 表现路面要注意视点的选择，视点选择不当，将产生远处路面上翘的感觉。可通过检查透视线、核对消失点，使地面恢复正确的透视关系。

01 | 02

01_ 构筑物的种类繁多，是民居建筑写生中重要的构成内容

02_ 构筑物常能构成完整的画面

■ 辅助用房常以线条勾勒出轮廓结构线。而表现明暗时，常常将复杂的明暗关系进行概括，归纳成简单的体块。简化的形体在光源的照射下，会产生清晰的明暗交界线，也就区分出受光面与背光面。借助这种明暗变化，可以轻而易举地刻画出物体的立体感。

（5）主体建筑

01 | 02

01_ 主体建筑往往是民居建筑写生中的重点或主体

02_ 独立的主体建筑难以构成完整的画面，需结合植物、动物、生活器物等配件和附属物

■ 建筑物是民居建筑速写中需要重点刻画的对象。它往往形成画面的视觉中心。

■ 就单体建筑而言，既需要准确地表现民居建筑的外在特征，也需要运用不同的手法刻画出建筑的内在气质和神韵等个性特征。

■ 若表现的对象为民居建筑群体，则需将建筑间的空间远近、高低尺度等关系表达清楚，使各建筑在画面中的关系合理。

第四部分 | 民居建筑速写实践

　　民居建筑速写不同于那些周期较长的写生表现，允许作画者花较长的时间去对单一画面仔细地琢磨，不断地推敲与反复地修改，它要求在较短的时间内，将眼前之所见的民居建筑场景用笔准确地记录下来。这就需要作画者拥有扎实的绘画功底和熟练的画面处理能力。它一方面需要考验作画者眼与手的快速配合能力，另一方面需要作画者具备较强的应变能力，能够有效地解决实地速写时可能出现的各种问题，化不利条件为有利因素，将画面效果处理好。

夏克梁
民居建筑速写

钢笔画法 > 民居建筑速写实践

■ 民居建筑速写一般对作画时间有一定的限制，即要求成图迅速，能在较短的时间内完成一件作品。

■ 民居建筑速写对作画者的表现技能有较高要求，要做到运笔熟练，线条肯定流畅，画面关系处理得当，场景生动而富有表现力等。

■ 民居建筑速写的练习步骤主要可分为三个阶段：取景与构图练习；场景的再现练习；从再现到表现练习。这三个阶段构成了完整的建筑风景速写学习体系，各环节之间紧密相连，不可分割。

1 取景与构图

现场速写时，想要充分表现对象，必须进行仔细的观察。通过观察来理解物象间的组织关系，才能确定表现对象特征的最佳视角，有力地反映建筑的本质，取得良好的画面效果。

掌握正确的观察方式，养成积极主动的观察习惯，是取景和构图练习中所必须具备的条件。在取景和构图练习中，观察始终是不可忽视的过程。无论是场景的选择还是画面的构图定位，观察需一直贯穿于其中。

（1）观察

01	02

01_ 观察是写生的第一步，要多角度观察所要描绘的建筑物或场景

02_ 观察不只局限在主体建筑，生活环境中的任何一个角落或不起眼的景物，只要通过仔细观察，都有可能成为你捕捉的对象

■ 民居建筑写生时，整体观察的方法是造型艺术必须遵循的基本规律。先要整体观察，然后观察民居建筑各个细部的造型特征，再把各个细部联系在一起观察，形成一个有机的整体，从而在表现对象时，能更好地把握画面整体感。

■ 通过观察和分析，能够提高作画者的眼睛对建筑形态特征反应的敏锐性，使作画者对建筑的感性认识上升到理性认识，从而更有力地表达建筑的特征。

■ 观察还有助于作画者从繁复的事物中筛选出适合于速写表现的部分，也能够清楚地识别场景的布局、形态、高低、材质、色彩和光影等因素的特征，从而对所描绘的建筑风景产生全面、准确和深刻的认识。

夏克梁
民居建筑速写

钢笔画法 > 民居建筑速写实践

（2）取景

01	02

03	04

01_ 取景要考虑空间层次

02_ 取景要考虑主次关系

03_ 取景要考虑构图安排

04_ 取景也可以是局部或细节

■ 取景的目的：不但要反映景物的本质特征，还要考虑到画面的构图问题。不宜选取使构图"空洞""呆板"的角度。

■ 取景中，一方面需要从客观的对象出发，尽量选择一些能使人产生视觉美感的场景；另一方面也要从主观进行考虑，作画者可根据自身的意图及对场景表现的驾驭能力来做出适当的调度，进而选择出既具有速写表现价值，又适宜于表现的建筑场景。

■ 取景时，场景中的建筑或建筑的主体部分应在所取之景的范围内占据重要的位置，有意识地将其置为视觉中心，再在周边选取相关的配景。

■ 取景时还要考虑场景应具有较强的层次感，围绕选定的建筑主体可形成近景、中景和远景的视觉关系，各元素间具有较为明确的主次关系，并具有绘画意义上的视觉丰富性，包括形态的统一与对比、元素高低错落形成的节奏感等。

夏克梁
民居建筑速写

钢笔画法 > 民居建筑速写实践

（3）构图

01 | 02

01_ 画面的构图要均衡，要有变化，要有主次关系

02_ 画面的构图要饱满，但不应局促

■ 构图在速写中起到了至关重要的作用，它是将客观事物转换为画面布局的第一步。

■ 构图就是指把众多的视觉元素在画面中有机地组合在一起，形成既对比又统一的视觉平衡，一幅画的成功与否首先取决于画面的构图形式。

■ 构图要能充分体现出作画者对景物的感受，表现出对象特定的气氛，不同的构图形式给人以不同的视觉感受。

■ 构图的过程中渗透的是作者的构思，是其发现主题、组织元素并构建形态的思维过程。其中既需尊重现实之景，以其作为基础，也要加入作画者的主观处理，以增强画面的表现力和完整性。

■ 构图应做到主次有序，即在画面中确立以民居建筑物为中心的主要景物，将其他的配景部分作为次要景物加以对待，使画面中的主次关系清晰得当。

■ 构图中应突出特征，即把握所绘建筑与周边风景的总体形态特征与比例关系，将场景的个性特征加以明确地展现。在此基础上，再确定构图的最佳形式。

■ 画面的视觉稳定感在很大程度上取决于构图的均衡。均衡，是指画面中各图形元素的组合能形成相对的稳定感和平衡性。写生构图时，有时根据画面的需要添加物体，使画面获得视觉上的均衡感。

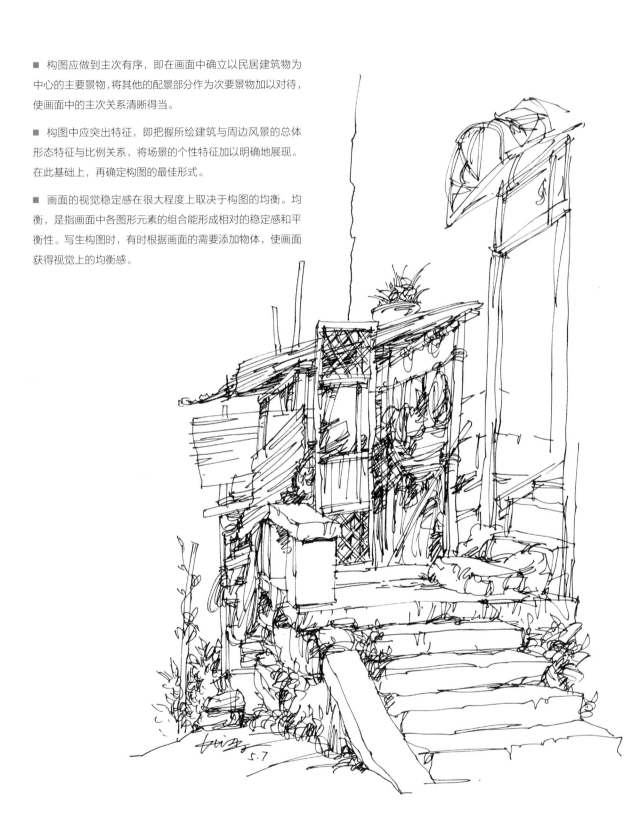

2 场景的再现练习

写生的初级阶段，在以民居建筑为描绘对象时，应尽量做到尊重客观的现实场景。通过认真观察、细心分析，准确理解对象所包含的各种关系，并掌握这些关系的表达方式和表现方法。例如建筑的形态与空间的关系、透视的规律、物体的结构以及表面材质的特征等。

在这一阶段的练习过程中，主要是以画得像、描得准为目的，锻炼塑造和表现能力，这也是训练初学者速写基本功的必要途径。

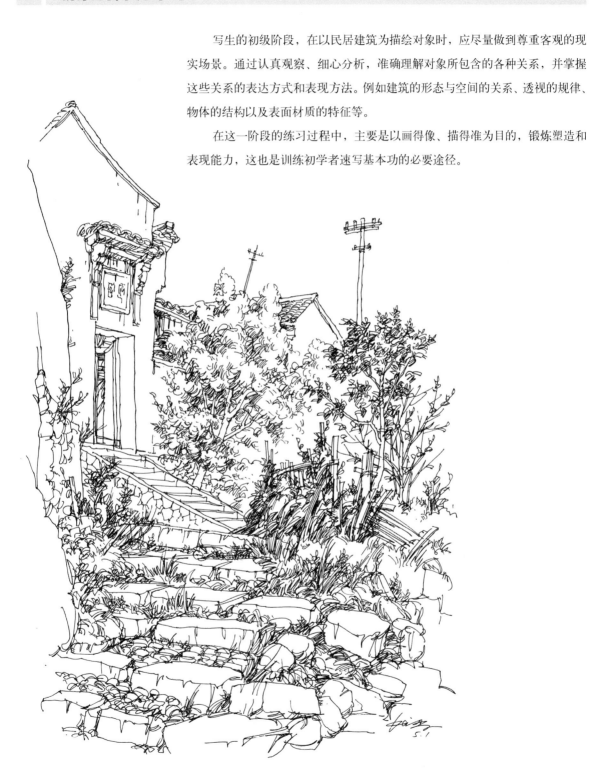

■ 再现是速写的一种记录和传达视觉感受及心理表象的绘画方式，它主要以客观记录为主，也可适当地做主观的处理。

■ 当再现的景物烂熟于心之后，就可拥有更大的创作空间，创造出更多更好的形式，形成个性鲜明、特色突出、蕴含创意的民居建筑速写。

■ 初学者先进行大量的再现性速写练习，然后在此基础之上，通过主观化的处理，使速写成为出色的表现作品。

（1）透视原理

01   02

01_ 画面中的灭点要明确，消失线要统一

02_ 近大远小是透视最基本的原理

■ 正确合理的透视关系与空间塑造是一张优秀的速写所必须具备的条件。

■ 学习民居建筑速写，必须先要掌握透视的基本原理，作画时，只要遵循物象的近大远小、近高远低等规律，就不难表现建筑的空间关系。

■ 民居建筑速写中透视的表现类型主要为一点透视、两点透视、仰角透视和鸟瞰透视。

■ 写生时，有时根据建筑的形态特征和所在位置的透视特点，可适当地夸张或削弱透视线，得当地处理虚实、强弱等对比关系，使建筑特征更加明显、视觉中心更加突出、画面层次更加分明。

■ 透视与空间的准确表达是营造画面真实感的必要条件和重要基础，是正确地反映各景物在空间场景中的重要手段。

■ 对于速写而言，只要做到主体建筑物在大体轮廓和比例关系上基本符合透视作图的原理，使人产生视觉的舒适感即可。

■ 强调透视线，可增强景深感。

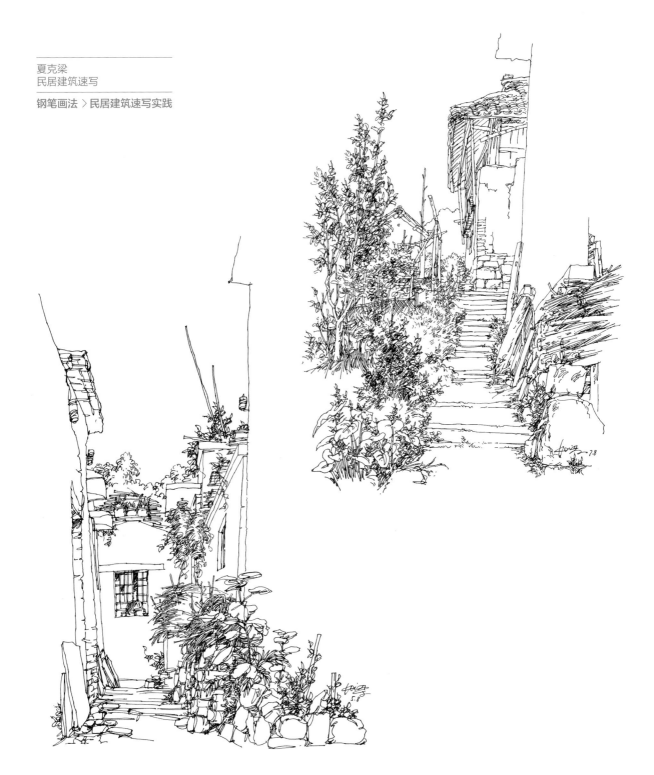

（2）线描表现

01 | 02

01_ 线描表现是钢笔速写中最容易掌握、也是最容易出效果的表现方法

02_ 线描表现方法的核心是利用线条清晰地表现建筑和物体的形体和结构，还要注意依靠线条的疏密组织来表现画面的空间关系

■ 单线方法是着手练习速写的首选方法，写生的初始阶段，可以采用单线表现的方法将所看到的建筑及其他景物的形体和结构如实描绘。通过这种方法可以锻炼线条的表达能力、画面的概括能力以及疏密对比的处理能力。

■ 这类画法多以钢笔（签字笔）为表现工具。由于摒弃了对明暗与光影的表现，画面整体干净清爽，线条表现力足。写生时，也要求作画者对场景中的对象予以合理分配布局，牢牢把握住比例关系，特别注重体现建筑物及其环境的整体效果。

■ 单线画法并不完全是单纯地勾勒民居建筑的形体，它也需要从画面整体角度深入细部描绘。这个过程的主要任务是细腻地体会和感受建筑的风格特征与人文特点，运用线条建立建筑形象，组织好建筑与环境各部分之间的关系，营造画面的疏密、虚实、主次，建立空间层次。

■ 很多初学者难以做到写生的客观描写，往往把真实场景画得过于简单和空洞。因此，"简单场景复杂画"是我们需要培养的一种意识，"复杂画"会使画面变得更加丰富，更具可看性，也增强画面感，这在初始阶段极为重要。

■ 大量的实地速写练习将使眼与手之间协调，并能够使画面基本忠实地反映民居建筑的客观面貌和总体特征，如实地加以再现。

（3）明暗表现

| 01 | 02 |
| 03 | 04 |

01_ 明暗表现使画面更具立体感和厚重感

02_ 明暗表现需要依靠明暗的对比来表现画面的空间关系和主次关系

03_ 明暗表现最适宜表现钢笔画的光影关系

■ 从线描画法到明暗表现，其目的都是客观地再现场景，锻炼作画者的观察、塑造以及处理画面的能力。

■ 通过明暗，表现场景的真实感，掌握光影的变化规律。

■ 以明暗表现为主的钢笔写生作品，其处理明暗关系的手段与明暗素描的原理基本一致，即从画面的全局来看，亮的建筑主体以较暗的背景来衬托，暗的主体则以亮的背景衬托。

■ 在处理建筑等景物的明暗关系上，主要通过画面中的黑、白、灰三种不同明度的对比关系来实现。

■ 从画面的各个局部来看，各界面的受光关系也应以黑、白、灰三种层次加以区别，以此区分开物体各界面。

■ 明暗表现主要是塑造场景的立体感和层次感，需将场景的宽度和纵深度、各部分的尺度关系及位置关系表达清楚。

■ 在明暗表现的速写中，应始终保持光线方向的一致性，防止出现光源移动、画面光影错落的矛盾现象。

■ 用明暗画法作画，画面的光影变化自然，明暗过渡细腻，所表达的景物富有层次感和空间感。

■ 以明暗的表现形式，加强对物体体量的理解、认识和表现力度，强化画面的视觉效果。

■ 钢笔明暗画法练习可强化建筑的形体、块面意识，培养对空间层次虚实关系及光影的表现能力，以此强化画面黑白构成的组合经验。

■ 投影对强调体量、空间关系起着很有效的作用。

夏克梁
民居建筑速写

钢笔画法 > 民居建筑速写实践

3 从再现到表现练习

在经历了第一阶段场景的再现练习之后，接着便需要添加更多主观的处理。在这一环节中，面对景物，不可仅仅满足于准确如实地描绘对象，而是要运用强调、取舍、对比等手法，使表现的画面具有强烈的艺术感染力。

■ 作为一张优秀的建筑风景速写作品，不应该只是停留在把对象画准、客观地再现对象特征及关系上，还应该体现出作画者的个性特征和艺术追求。

■ 缺失主观处理的画面，将失去速写的魅力和活力，画面会显得过于匠气、沉闷，如制图一般机械感十足。

■ 在速写的过程中，加入作画者的主观意识是十分必要的。作画者可以灵活使用各种表现技法和处理手段来增强画面效果，使得作品呈现出艺术性。

夏克梁
民居建筑速写

钢笔画法 > 民居建筑速写实践

（1）强调

01 | 02

01_ 有强调就有对比，有对比就
有主次关系

02_ 画面中，如果某一个物体或
细节想成为主体，最简单的办法
就是对其进一步强调和刻画

■ 运用艺术夸张的手法来强化建筑的整体形象或部分特征，对那些不利构图或可有可无的东西则进行减弱或舍弃，只有这样视点才会更集中，主次对比才更强烈，建筑特征才更典型，主体形象才更具视觉感染力。

■ 写生要有重点，有主次，写生过程特别要注意归纳对象的关系，简化层次，突出主题。

■ 在速写的过程中，初学者可通过适度的夸张强调，加强景物间的大小对比关系。这不但能使场景中的尺度关系变得更为丰富，从视觉上增加层级感，也能使各形体、块面之间变得更为紧凑，提升视觉张力。

夏克梁
民居建筑速写

钢笔画法 > 民居建筑速写实践

（2）取舍

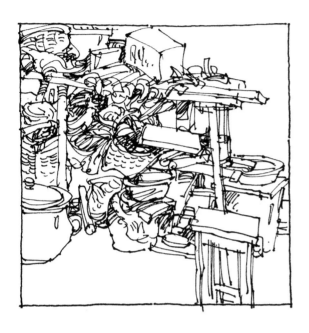

| 01 | 02 |

01_"取"，将取景框内外所"需要"
的物体都聚集在画面中

02_"舍"，对取景框以内所有不利于
画面构图的物体都"拒之门外"

■ 在民居建筑写生中，对眼前的自然景物不要全盘照搬，
要从画面整体的需要出发，有所取舍，有所夸张或有所减弱，
这样才能使所要表达的形象更加突出。如果只是客观地表现
而不重视主观感受的话，就很可能使画面成为一般的记录式
资料，而失去艺术的表现力。

■ 客观对象的取舍作为画面处理的主要艺术手法之一，不
但能够灵活地增减画面中的元素，将表现中遇到的不利因素
转化为有利条件，而且能够增强画面的整体协调性、场景气
氛感和艺术表现力。

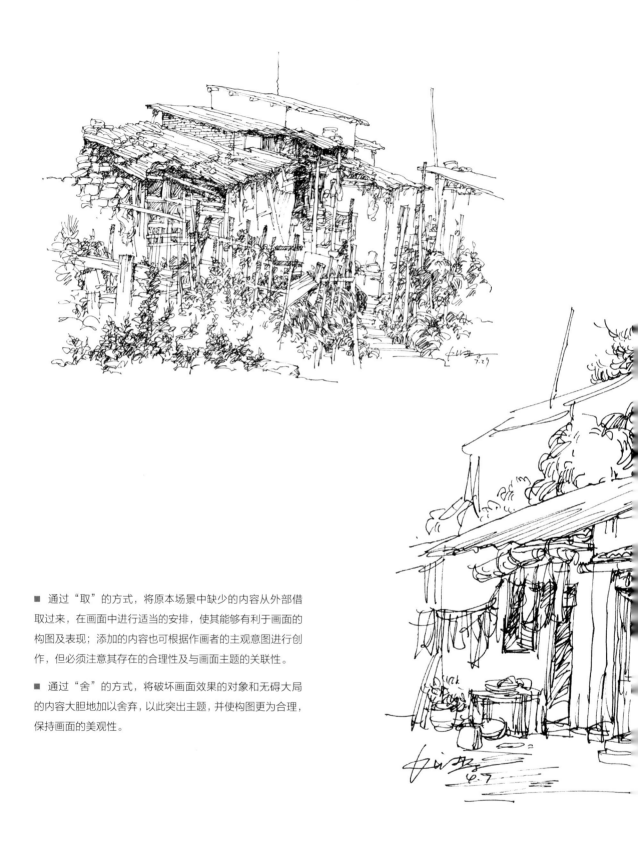

■ 通过"取"的方式，将原本场景中缺少的内容从外部借取过来，在画面中进行适当的安排，使其能够有利于画面的构图及表现；添加的内容也可根据作画者的主观意图进行创作，但必须注意其存在的合理性及与画面主题的关联性。

■ 通过"舍"的方式，将破坏画面效果的对象和无碍大局的内容大胆地加以舍弃，以此突出主题，并使构图更为合理，保持画面的美观性。

（3）对比

01 | 02

01_ 对比能使画面变得有主有次、有前有后、有虚有实

02_ 对比能使画面变得更加生动，使视觉中心更加明确

■ 对比，在画面中常常表现为变化和反差，是民居建筑速写中最重要的艺术处理手法。有了对比，画面就有了主次、虚实、前后等关系，使表现的主次分明，主题突出。

■ 对比不仅能使画面的秩序感和层次感清晰地呈现出来，而且能够提升画面的视觉冲击力，使场景效果变得精彩，富有感染力。

■ 速写作品中如果缺少适当的对比，画面会失去节奏感和韵律感，导致整体效果平淡呆板，缺乏视觉张力。

夏克梁
民居建筑速写

钢笔画法 > 民居建筑速写实践

■ 速写中合理地运用对比的处理手法，有助于培养初学者主观地处理画面的意识。

■ 在统一、协调的整体状态下，采用对比的处理方式为画面增添丰富感和变化感，使所要表现的物象形态关系明朗、肯定，视觉效果强烈，画面具有艺术感，以给人留下深刻印象。

局部对比 ≪

■ 在民居建筑速写中，既有整体的对比，也有局部的对比。画面中常见的对比主要包括线条的对比、块面的对比和黑白的对比等。

虚实对比 ∧

■ 写生时，采用虚实对比的手法，可以分清主次和远近的
　关系，使画面产生空间景深感。如果虚实对比处理不恰当，
　主体将不能突出，且缺乏层次。

■ 运用虚实对比的处理手法，往往是近景或主要物体刻画
　详细，远处或次要景物概括、简练，使画面的主次更加分明，
　形成较好的空间层次。

夏克梁
民居建筑速写

钢笔画法 > 民居建筑速写实践

■ 动静对比是使画面产生活跃感的处理手法之一。动与静主要由落笔速度的不同而形成。速写作品中，既要有稳重严谨的线条，也要有活泼奔放的线条。前者体现出"静"，后者表现为"动"。两种线条在画面中的并置与共存，形成了"静"与"动"的对比关系。它使画面显得松紧得宜，张弛有度。

繁简对比 ⌃

■ 繁简对比主要表现为画面中各景物塑造的细致程度的不同。主要景物应塑造得较为细致，对于细部的刻画也相应较多，视觉层次丰富；次要景物的塑造需注意提炼和简化，无需面面俱到，将主要关系交待清楚即可。通过繁简对比，可使画面的视觉中心突出，视线集中，避免了平均感和散乱感。

■ 疏密对比主要是指画面中线条组合的疏密关系。在表现主要景物时，画面中的线条排列得较为密集，用线的数量也较多，线与线交织而成的色块较深；在表现次要部分时，线条可排列得较为疏松，用线数量也较少，整体色块较淡。有了疏密的对比，画面的视觉张力得以显现。

疏密对比 ∧

夏克梁
民居建筑速写

钢笔画法 > 民居建筑速写实践

明暗对比 ∧

■ 明暗对比使物体产生立体感，并使画面中的景物更具有真实感。在速写中，应注意近处景物的明暗对比强烈，受光面和背光面的反差较大；远处景物的明暗对比较弱，亮面与暗面关系较为接近。

■ 在阳光照射下，明暗的对比是景物最显著的特征之一，明暗对比的强弱，影响到物象体量感和物象特征的明显与否，写生时，只要注重强调黑白明暗关系，就容易表现出建筑的空间立体效果。

■ 写生时，用线条表现建筑物的形体和结构线。如果透视线不是很强烈，容易使画面显得单调和平面化。为了使画面具有空间感、光感或立体感，可以在所绘建筑形体的转折面或暗部略施明暗，以取得理想的效果。

黑白对比 ∧

■ 黑白的对比，易产生强烈明确的空间视觉效果和丰富的节奏感，并使画面具有较强的视觉冲击力。

■ 画面中较清晰的物体，往往是画面的重点所在，可通过黑白对比的手法，将其呈现出来。因此，主体部分一般对比强烈、表现清晰，而远景或次要部分的对比则需相对削弱，使其逐渐隐退，以增强画面的空间纵深感。

夏克梁
民居建筑速写

钢笔画法 > 民居建筑速写实践

面积对比 ⌃

■ 面积大小的对比是指各种物体在画面中所占空间面积之间的对比。

■ 面积对比的处理手法是指让主体形象在画面中占较大的面积，起到主导的作用，而次要部分占较小的面积，只起陪衬和呼应的作用。

■ 主体的面积和次要部分的面积过于接近，容易使画面显得平均。

■ 各景物块面大小的对比，既能有效地克服画面中的平均感，也可能使速写作品呈现出戏剧化的效果。

第五部分 | 民居建筑速写范例

　　民居钢笔速写的表现形式多种多样，画面展示的艺术效果是作画者精神的体现。地域、场所和建筑形态的不同，将使作画者产生不同的意识和感受，从而使所表现的画面形式也不同，但目的都是为了表现建筑的神韵或风采，其作画步骤和学习要点具有普适性与共性。

01	02
03	04

01_ 第一步，主体入手

02_ 第二步，逐渐铺开

03_ 第三步，深入刻画

04_ 第四步，调整完成

1 取景、勾画小稿

01	02

01_ 勾画小稿有助于取景和推敲构图

02_ 通过小稿可以分析画面的大关系

■ 选择合适的建筑场景是一幅建筑速写获得成功的前提。此环节侧重场景的角度选择和画面的构图形式。

■ 取景时需要对建筑及环境有敏锐的洞察力和大胆的想象力，提前预见所要表达的画面场景和基本效果。

■ 在作画前根据建筑的形态、空间环境特点选择最能够凸显个性特征的角度和视点进行表现，使画面获得无形的张力。

夏克梁
民居建筑速写

钢笔画法 > 民居建筑速写范例

■ 初学者在户外速写时，如果缺少对画面的整体把握能力，可以先勾勒若干小稿，再进行比较选用。

■ 小稿可以用来推敲构图，也可以用来分析画面的光影关系。

■ 通过小稿，可以主观地归纳、概括建筑体块关系，透过纷繁复杂的建筑表象将建筑简化为基础的几何形体，有助于正稿的把握。

■ 开始绘制前，也可用铅笔淡淡地画出场景的基本透视线条以及建筑的形体比例，然后再用钢笔等其他工具进行刻画。

01 | 02

01_ 写生需要步骤和方法
02_ 写生需要不断地深入和刻画

■ 选定了角度和内容，确定了构图，接着便是动笔写生。写生过程中要最大程度地发挥线条的表现力，疏密得当，避免画面单调乏味。

■ 作画时应当由整体入手，采用透视原理结合目测法画出大致的透视线，再依据透视线画出建筑物的大体轮廓，随后才能逐步画出建筑物的各个体块和细部造型。

■ 在控制了画面布局与建筑总体关系之后，紧接其后的是深入刻画阶段，作画者需要对建筑各个界面逐步仔细刻画。

■ 建筑的门窗造型、装饰细节、材料分割、体块穿插的具体方式等等都成为作画者需要仔细观察、细致表现的对象。

■ 只有将建筑细节刻画详细，画面才有可能清晰地呈现出建筑特有的历史文化语境。

■ 为了突出主题和重点，有时也可有意识地结合光影关系，适当加深建筑背光部分，这是一种常用的塑造手法。

■ 作画者在深入刻画的过程中需要及时根据形式美法则调整画面，控制整体效果，例如虚实对比、物体与物体之间的衬托关系、黑白对比等。

3   完成、整体调整

01_ 画面的整体性极为重要，不应只顾及局部和细节，一定
要有整体意识

02_ 整体调整也是极其重要和关键的一个环节

03_ 只有整体感较强的画面才具有一定的视觉张力和感染力

彩色篇 马克笔画法

除了黑白类的民居建筑风景速写之外，彩色速写也是常见的一种类型，马克笔、彩色铅笔和水彩都是常用的色彩画法工具。马克笔因其具有携带方便、色彩种类繁多、笔触硬朗、表现力强等优势，在民居建筑速写中正发挥着越来越重要的作用，也是作者最爱的一种绘画工具。

　　如果说钢笔建筑风景速写带给观者的是纯粹线条的愉悦观感，那么马克笔则能让观者领略到线条与色彩交融之后所具有的质感和光影的强大表现能力。马克笔色彩透明，适合单色或多色多次叠加、覆盖。马克笔可以结合钢笔速写稿着色，也可以在铅笔草稿上着色或直接塑造。这种画法的特点是整体概括，能言简意赅地反映建筑场景的色彩关系，色彩明亮，用笔干脆爽快。有的作画者不断挖掘马克笔的表现力，深入细腻地用笔，强调场景在特定光影下的动人状态。

　　使用马克笔，需要通过完成大量的案例，培养"手感"，积累对于用笔、用色、不同处理手法的心得与体会，促进对于马克笔表现技法的深刻认识和牢固掌握，并逐步形成自己的表现习惯与风格。马克笔的表现具有很强的规律性，只有在掌握表现规律的基础上，合理运用表现技法才能将马克笔的特性充分地发挥，将空间、色彩、明暗、体积等表现到位。

第一部分 | 工具与材料

马克笔是舶来品，是大家所熟知的设计手绘表现图的绘制工具，能以较快的速度，肯定而不含糊地表达出建筑等物体的空间形态。随着喜欢用马克笔的人越来越多，马克笔的表现题材和表现手法也不断地得到拓展，近年逐渐运用于建筑速写中。

对于作画者，只有充分了解马克笔的性能和特点，才能更好地驾驭马克笔。马克笔速写还和使用的纸张有直接的关系。只有熟悉各种方法和材料性能，才能更好地进行马克笔速写的表现和创作。

1 马克笔

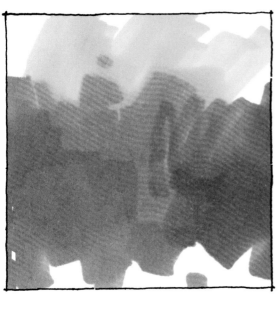

01_ 酒精性马克笔色彩透明、润，渗透力强，不易深入

02_ 水性马克笔颜色相对较浊、涩，笔痕清晰，易于深入

03_ 温莎·牛顿色素马克笔，属于酒精性马克笔，色彩稳定不褪色

04_ 颜料型马克笔，色彩稳定，性能与水彩相同，可结合水使用

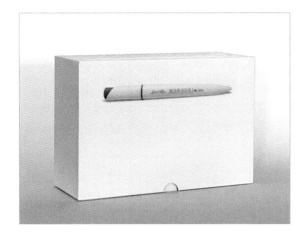

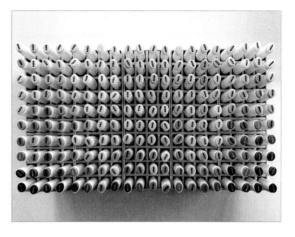

05	06
	07

05_ 以作者名字命名的"夏克梁马克笔"

06_ 全套共 200 种低纯度的颜色，分中灰、蓝灰、绿灰、黄灰、红灰五个色系，特别适宜于表现民居建筑

07_ 一套马克笔就可以解决上色问题，无需匹配、补充其他品牌的颜色

■ 马克笔按墨水的性能特点，可分为油性、酒精、水性、丙烯等马克笔，其中酒精马克笔是民居速写中最常用、最普及的马克笔。

■ 选择一款马克笔，除了价格主要从外观、笔尖、色彩匹配等方面去比较，其中笔尖是比较马克笔优劣的最重要因素。

■ 新买的马克笔可以对其笔尖做适当的修整，用美工刀将其削得更薄一点，使笔头相对"柔软"，绘制出更加柔美的笔触。

■ "夏克梁马克笔"是作者直接参与研发的一款专业型马克笔，相比一般马克笔，其笔头更长、笔尖更薄，在使用过程中不但易于控制、手感好，亦使表现的笔触相对"圆润"。

■ 低纯度色彩是"夏克梁马克笔"又一特色，全套分红灰、黄灰、绿灰、蓝灰、中灰等五个色系共200色，颜色特别适宜表现古朴的民居建筑。

■ 购买马克笔，在挑选颜色的过程中，要注意多挑选同色系或色彩较为接近的颜色，这样表现出的画面色彩更加协调和丰富。

2　纸张

夏克梁
民居建筑速写

马克笔画法 > 工具与材料

| 01 | 02 |
| 03 | |

01_ 白卡纸上表现的效果

02_ 宣纸上表现的效果

03_ 水彩纸上表现的效果

■ 适用于马克笔的纸张种类较多，除马克笔专用纸之外，常用的还有白卡纸、宣纸、水彩纸、普通速写本等。

■ 尽管马克笔的色彩种类较多，但颜色之间难以调和，此时的专用纸、白卡纸等便发挥着重要的作用。

■ 马克笔专业纸有些适合用马克笔作画，也有些品质较差，还不及普通的速写本纸张，作者常用的专用纸张为温莎·牛顿马克笔专用纸。

2016.1.2

第二部分 | 马克笔速写类型

在马克笔速写中，表现的方式主要分为两个类别。其一是以钢笔线描为基础并施色彩的表现方式。底稿可以是明暗关系表达较为充分的钢笔速写，也可以是寥寥几笔而极具概括性的钢笔线稿，然后用马克笔工具表现主要物体、主要体块的色彩关系。画面色彩相对较简洁、概括，塑造不求过于深入。它的上色时间相对较短，是一种概括、快速的表现方式。其二是以色彩关系的表现为主要手段的表现方式，直接用马克笔或在铅笔线稿上赋以充分的颜色并强调明暗变化，以此表现画面的空间感、体积感和色调。它的上色时间相对较长，画面表现得也较为充分。

■ 不论是在钢笔线稿的基础上上色，还是直接用马克笔上色，两者都注重画面色彩的统一性和协调性。

■ 在马克笔速写中，色彩的表现力对画面的效果有很大的影响。画面中的色彩形成相互对比的关系，主要表现为明度对比、纯度对比和色相对比。

2012.7.3

1 钢笔线稿上色

01 | 02

01_ 线稿上着色，钢笔速写是基础，起着重要的作用

02_ 线稿上着色时，用笔尽量做到干脆利落，不宜过多地来回涂刷和重叠

　　马克笔速写多数是在钢笔线图的基础上敷色而成，钢笔线图的好坏，直接影响到马克笔速写的最终效果，因此掌握钢笔速写也就显得尤为重要。上色时，可以充分利用钢笔线条特有的张力，将建筑结构与装饰细节表现得清晰细腻，同时发挥马克笔铺排概括的优势，使色彩饱满而富有层次。

■ 马克笔的上色方法具有一定的规律性，但也不是一成不变的。在丰富实践与熟练运用的基础上，完全可以根据作画者对于画面效果的预期和个人经验喜好进行发挥。

■ 上色首先应当关注建筑整体色彩变化，用笔整体统一，再进行局部的覆盖叠加，用于塑造层次，丰富色彩关系。

■ 上色时，可以选择从建筑主体着手，自上而下地进行。马克笔具有色彩丰富、衔接细腻等优点，但初学者往往需要培养套色意识。在工具选择时尽量注意在同一色系中进行适当的颜色转换，否则容易将画面画"花"。

■ 铺排大面积建筑块面时，结合光影关系调整色彩非常必要。借由光线可以突出建筑的质感与空间感。

■ 用马克笔上色，初学者应注意拉开画面色彩的明暗关系，使色彩的过渡及界面的转折显得有序、自然。

■ 在结束画面时，往往最后几笔的压深或提亮能为画面带来意想不到的效果，非常"提神"。

2 直接上色

| 01 | 02 |

01_ 直接上色方法，如同其他绘画材料

02_ 直接上色法跟纸张有极大的关系，纸张的不同直接影响着画面的效果

■ 作画者可以充分挖掘马克笔多样的表现性，除了在钢笔稿、铅笔稿上上色，也可以直接拿马克笔起稿、上色并深入刻画。马克笔不仅可以表现简练、概括的画面，也可以表现出浑厚、细腻的艺术作品。

■ 在铅笔稿上上色，是以色彩关系的表现为主要手段的表现方式，在画面上赋以充分的颜色并强调明暗变化，以此表现画面的空间感、体积感和色调。

■ 如果各景物的明度都过于接近，那么场景的空间感、景物的立体感会大大削弱，使画面显得平淡而沉闷。通过加强色彩的明度对比，可使画面的空间效果变得强烈，并能有效地使画面"一扫阴霾，焕发精神"。

■ 若速写中画面的"平面感"过强，就应从色彩的明度上加以调整。初学者可根据实际情况，结合主观的意图，适当地加深或提亮某些颜色，努力拉开色彩的明暗差距。也可以适当通过纯度的对比，区分主次关系和空间关系，层次感也能有所增强。

■ 直接上色或在铅笔稿上上色，其表现手法相对细腻，更加注重色彩的冷暖关系和变化。色彩的冷暖关系在现实中客观存在，因此在画面中需要根据实际的规律予以表现。

■ 一般而言，物体的受光面因天光的影响而色彩偏冷，背光面色彩偏暖；近处的景物色彩偏暖，远处的景物色彩偏冷。画面中有了这些冷暖的对比，景物的空间关系才能合理地显现，画面的真实感也会得以提高。

2016.1.1

第三部分 | 马克笔上色技巧

马克笔属于硬笔工具，具有特殊性，其用笔、色彩搭配、上色步骤等都需要一定的方法和步骤。只有掌握了用笔、塑造、配色等表现技法之后，才能在处理建筑、器物或风景时做到胸有成竹，笔随心动。无论是深入刻画还是快速表现，都能做到得心应手，收放自如。

■ 在运用马克笔上色的过程中需要注意两点：其一，应当重视马克笔的用笔方法。一幅速写作品要有一定的艺术魅力，其表现语言必须丰富。其二，应以"套色"概念选择性设色。缺乏经验的初学者往往在运用丰富色彩的同时忽略画面的整体色调，对于同一色系不同层次的色彩关注较少，从而使得画面色调不和谐统一，色彩突兀孤立，"五彩缤纷"因此沦为"眼花缭乱"。

1 用笔

01	02
03	04

01_ 连续用笔是涂刷大面积色彩的主要方法

02_ 肯定用笔是马克笔的基本方法，下笔"重"、收笔"提"是表现界面虚实过渡的有效方法

03_ 短笔、自由用笔及"圆点"是塑造物体的主要方法

■ 马克笔速写中最富有艺术表现力的元素是笔触。笔触是构成画面的一种肌理，它最能体现作画者的情感思想，同时也是最能体现绘图技巧的要素，因此，用笔方法和技巧便成了马克笔速写的核心问题。

■ 下笔之前对描绘对象的结构、体块穿插关系、造型细节有清晰明确的认识，考虑好下笔的位置以及笔触、线条间的组织方式，下笔之时果敢大胆，一气呵成。

■ 用笔时，笔触排列和运用需讲究，因笔触对塑造形体、表现空间效果有着极其重要的作用。笔触的排列应该讲究秩序，缺少秩序的笔触，将导致画面产生零乱、松散的感觉。

■ 笔触运用得合理，画面的塑造便会变得轻松而有章法，较易表现出空间感和体积感。笔触运用得混乱，画面上呈现的将是杂乱无章的局面，不但会破坏形体空间的塑造，也会让作画者花费了很多时间却只得到事倍功半的效果。

■ 马克笔笔法的熟练运用及对线条、笔触的合理利用和安排，将对初学者用马克笔表现建筑或物体起到事半功倍的效果。

01_ 画面色彩的搭配不要过于
客观，要具有一定的主观性

02_ 色彩的搭配在没把握的情
况下，可参考、借鉴油画或水
彩作品的颜色，通过提取再组
合的方法进行搭配

■ 马克笔速写的画面色彩搭配也追求协调性。在落笔前对画面的色调把握要做到心里有数，主要是依靠同类色的搭配及对比色的互补来使画面色调协调统一。

■ 主导色调和是指在多种颜色组合的画面中，当某种色彩或色系整体地统治画面，或割裂地分布在整张画面上，其在画面中所占的总面积，大大超过其他色系的面积，在画面上就起着主导（调）的作用，使表现的色彩协调统一。

■ 同类色调和。同类色是指色相比较接近的各种颜色。在色环中，我们可以找到互相邻近的各色，以各种色相相同或邻近的颜色组成统一的色彩基调，使其彼此呼应，起到相互关联的作用，便可产生色彩的某种调子，这就是同类色调和。

■ 低纯度色调和。当画面中色相不同的颜色组合在一起，且色彩在画面中所占面积又相似时，只有选用低纯度的颜色，减弱色相的明显特征，才可以形成协调的色调。

夏克梁
民居建筑速写

马克笔画法 > 马克笔上色技巧

3 步骤

01   02   03   04

01_ 从浅色从局部开始

02_ 先大致铺上底色

03_ 逐步深入

04_ 完成并调整

■ 马克笔因其透明的特点，只能用深色覆盖浅色。所以作画时一般都按先亮后暗、由浅至深的顺序。着色时速度要快，颜色要准，笔触要自然流畅。

■ 上色时，因先后顺序及干湿程度不同，产生的效果也随之改变。可以通过多种不同的叠加、混合方法，熟悉并掌握色彩和明暗变化的规律，从而更好地控制马克笔的画面。

夏克梁
民居建筑速写

马克笔画法 > 马克笔上色技巧

4　图底关系

<table>
<tr><td>01</td><td>02</td></tr>
</table>

01_ 上色之处为图，留白之处为底

02_ 图底关系得当、合理，画面就
会显得协调、整体

■　马克笔速写，画面的边缘往往无需填满，周边留白便成
了马克笔速写的一大特点，图底关系处理也成了不可忽视的
问题。

■　作图时需严格控制图形边缘的笔触，保持画面边缘留白
部分形态的整体感和美观性，尽量避免由于用笔的随意性而
造成的画面图底关系的琐碎感和松散性，使画面的正负图形
结构保持平衡感和协调性。

■　图和底构成了完整的画面，所以不可只注重正形而忽略
负形。负形同样需要精心安排，要尽可能地留出合适的形态
以使画面的构图获得平衡的美感。两者之间处理得当既省略
了笔墨，使构图变得紧凑，又能极大地丰富视觉感受，使画
面表现充满趣味、生动简洁、通透活跃，更加耐人寻味，更
富有整体感。

附：钢笔速写学习内容及进度安排

第一阶段

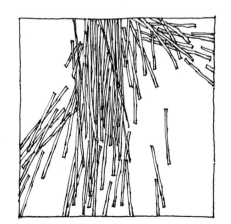

时间：一周左右，自行安排

内容：线条练习

目的：解决用线的方法

练习方法：练习时不应只是简单地画独立的线条，而是要将线条依附在某一个物体之上。用线要注意肯定和有力，不在乎用线的速度，也不要被物体的透视和形体所束缚（即形和透视准不准都不要紧）。画出有力肯定的线条是学习钢笔画的第一步。

第二阶段

时间：十天左右，自行安排

内容：单体练习

目的：解决塑造的能力，培养结构意识

练习方法：先寻找适合表现的植物、物体、建筑构件的照片，表现时在注意用线方法的基础上，要注意植物的特点和生长规律（需要仔细观察、寻找规律）以及物体（包括建筑构件）的形状、结构（一定要注意表达出对象的结构关系）。此阶段允许先用铅笔起稿（可以暂时忽略透视关系）。

第三阶段

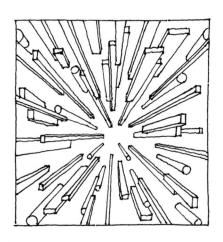

时间：十天左右，自行安排

内容：透视练习

目的：解决透视问题

练习方法：先对透视的概念和基本原理理解透彻，然后找一些透视感比较强的几何体构筑物作为参考依据，分别采用一点透视和两点透视加以表现。这个阶段要做大量的训练，无需画得很细致和深入，也可以先打铅笔稿。只有练习多了，才能够培养起透视意识和表现透视的能力。

第四阶段

时间：十天左右，自行安排

内容：组合练习一（两个物体的组合）

目的：解决空间表达能力

练习方法：寻找两个物体进行组合，可以是同一物体，也可以是两件不同的物体。注重表现两个物体的空间关系，表现时的关键点在于两物体的交接处（需要通过对比手法拉开两者之间的关系），首先要注意两个物体的明暗大关系，其次也要注意局部和细节的变化。

第五阶段

时间：两周左右，自行安排

内容：组合练习二（三个以上物体的组合）

目的：解决画面的组织及构图的能力

练习方法：寻找三个以上的物体并进行组合，三个物体中至少有两个不同的物体，组合时要注意构图的变化和画面的紧凑性，也需要增加主观意识。

第六阶段

时间：二十天至一个月，自行安排

内容：艺术处理

目的：解决主观处理画面的能力

练习方法：可分阶段、分步骤对各种常见的处理手法进行练习：概括手法（五天）、取舍手法（五天）、疏密对比（五天）、虚实对比（五天）、黑白对比（五天）等。通过练习使表现的画面更具艺术性。

图书在版编目（CIP）数据

夏克梁民居建筑速写 / 夏克梁著 . -- 南京：东南
大学出版社，2019.11（2023.1重印）
ISBN 978-7-5641-8591-6

Ⅰ . ① 夏… Ⅱ . ① 夏… Ⅲ . ① 民居 - 建筑艺术 - 速写
技法 Ⅵ . ① TU204.111

中国版本图书馆 CIP 数据核字 (2019) 第 235391 号

夏克梁民居建筑速写
Xia Keliang Minju Jianzhu Suxie

作　　者：夏克梁

出版发行：东南大学出版社

社　　址：南京市四牌楼 2 号　邮编：210096

出 版 人：江建中

网　　址：http://www.seupress.com

经　　销：全国各地新华书店

印　　刷：南京新世纪联盟印务有限公司

开　　本：787 mm x 1092 mm　1/16

印　　张：17

字　　数：424 千字

版　　次：2019 年 11 月第 1 版

印　　次：2023 年 1 月第 2 次印刷

书　　号：ISBN 978-7-5641-8591-6

定　　价：68.00 元

本社图书若有印装质量问题，请直接与营销部联系。电话（传真）：025-83791830